丁钉小组探秘之旅

旅行险象环生

于启斋 著

U0178777

山东城市出版传媒集团·济南出版社

图书在版编目（CIP）数据

旅行险象环生 / 于启斋著 . -- 济南：济南出版社，
2021.1
（丁钉小组探秘之旅）
ISBN 978-7-5488-4309-2

Ⅰ . ①旅… Ⅱ . ①于… Ⅲ . ①自然科学—青少年读物
②安全教育—青少年读物 Ⅳ . ① N49 ② X956–49

中国版本图书馆 CIP 数据核字 (2020) 第 218968 号

出 版 人　崔　刚
责任编辑　韩宝娟　姜海静
装帧设计　谭　正
封面绘图　王桃花
内文插图　李　霞

出版发行　济南出版社
地　　址　山东省济南市二环南路1号
邮　　编　250002
印　　刷　山东省东营市新华印刷厂
版　　次　2021 年 1 月第 1 版
印　　次　2021 年 1 月第 1 次印刷
成品尺寸　150 mm × 230 mm　16 开
印　　张　6.5
字　　数　65 千
印　　数　1 — 3000 册
定　　价　36.80 元

目 录

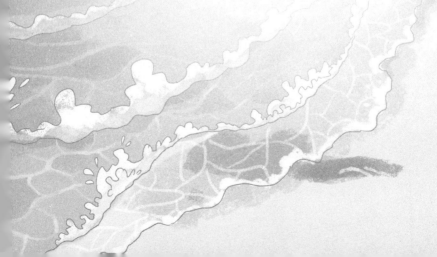

"小男子汉旅行队"成立

自从一起去丛林和荒野探过险后，丁钉、豆富、姜雅和迟兹四人间的感情越发深厚，四个人又成立了"小男子汉旅行队"，经常在节假日里结伴出行。他们在姜老师的陪同下去了许多地方，经历了各种惊心动魄的险情。就像他们说的一样：真正的水手需要到大海里锻炼；经过风雨洗礼的花儿才能绽放出宜人的芳香。他们这些成长中的男孩，也需要历练才能更加坚强。

你想知道他们在旅途中经历了什么吗？让我们一起去书中看看吧。

雨中行遭雷击

经过长途颠簸，丁钉小组终于来到了旅行目的地。吃过晚饭，雨淅淅沥沥地下了起来，远处不时传来雷声。

迟兹说："既然下雨了，我们今晚在宾馆休息一下，看看电视吧。"

"哎呀，你偷什么懒，我们出来玩不是为了锻炼自己吗？"豆富不同意，"我们出去走一走吧，雨不大，我们可以感受一下在雨中徜徉的感觉。"

丁钉附和说："这应该很有意思。"

"如果被淋湿可能会生病。"姜雅考虑得比较仔细周到。

"哎呀！"豆富激动地说："我突然想起一部电视剧，里面讲毛主席少年时代在师范学校求学时，曾和几个同学在晚上冒雨散步锻炼。走！我们也去雨中散步，这感觉肯定不错。"

豆富一边说一边拉着姜雅和迟兹出了门。

丁钉回头看了看姜老师，似乎在征求姜老师的意见。姜老师挥挥手，让他们自己决定。

他们打着伞走了一会儿，感觉很爽。大家正准备往回走时，只见一道闪电劈在了他们斜前方的一棵树上，树下有个人突然栽倒在地上。

丁钉小组被吓了一跳，大家有些不知所措。丁钉急忙跑过去查看，发现那个人倒在地上，已经失去了知觉，他的身边还有一个有些变形的手机。

"应该是在树下打电话遭到雷击了。"丁钉说，"赶快打120！"

10分钟后，救护车赶到，医生急忙把那人搬到车上，火速送到医院进行抢救。

事后，丁钉对大家说："科学老师曾经说过，雷雨天气时不能拨打接听电话。"

"是啊，雷雨天即使是在家里，也不要使用电脑和手机，最好拔掉电脑电源。因为避雷针只能保护建筑物，对侵入架空电线、电话线的雷电波无能为力。还要注意，雷雨天一定不能在大树下避雨，不要停留在高处，避免遭到雷击。一旦头颈处有蚂蚁爬过的感觉，头发竖起，说明雷击随时会发生，要立即卧倒在地上，这样可以减少遭雷击的危险。"姜雅对打雷时的注意事项了解得比较多。

"电闪雷鸣是怎样发生的呢？"迟兹问。

　　"由于空气对流等原因，云中产生了电荷。云的上部以正电荷为主，下部以负电荷为主。当上下部的差值达到一定程度后，就会发生闪电，同时释放出大量能量，使周围的空气急剧膨胀，引起强烈的爆炸式震动，这就是雷鸣。"姜雅说，"同时，我们可以根据闪电与雷鸣发生的时间差，判断雷电与我们之间的距离。"

　　"这个挺有意思的。"豆富好奇地问，"怎么判断呢？"

　　"其实，闪电和雷鸣是同时产生的。"姜雅解释，"闪电以每秒30万千米的光的速度传播，而雷鸣以每秒340米的声的速度传播。所以，一般情况下，我们会先看到闪电，然后才能听到雷声。从我们看到闪电时开始计时，到听到雷声时结束，将这一段时间以秒为单位乘以340，就可以大致估算出打雷处距离我们有多远了。"

"这是个好方法。"其他成员称赞道。

他们回到宾馆后，丁钉将这件事情告诉了正在看书的姜老师，姜老师十分惊讶，他嘱咐大家："出来旅游有很多潜在的危险，我们行动前一定要考虑周全，避免发生危险。"

"好的，姜老师。"大家说。

谁料，氧也会"醉人"

这一天，丁钉、豆富、姜雅、迟兹和姜老师来到了布达拉宫。

布达拉宫坐落在拉萨市区西北玛布日山上，是西藏最庞大、最完整的集宫殿、城堡和寺院于一体的宏伟建筑，也是世界上海拔最高的古代宫堡建筑群。只有真正站在布达拉宫前，才能真正感受到它是何等雄伟壮丽。

布达拉宫海拔 3700 米，依山垒砌，群楼重叠，殿宇嵯峨，气势不凡，是藏式古建筑的杰出代表。布达拉宫前的布达拉宫广场，是世界上海拔最高的城市广场，可容纳 4 万人举行大型集会活动，是一座融休闲、文化、集会等多功能为一体的现代化广场。

丁钉一行在布达拉宫广场的各个角落摄影留念，想要留住美好的回忆。

晚上，回宾馆的路上，他们看见有两个人从一家酒店走了出来，他们拉拉扯扯、踉踉跄跄，似乎是喝醉了。

　　俩人没说几句话就厮打起来。他们都喝多了，站立不稳，一个人摔倒了，把另一个人也带倒了，俩人在地上翻滚起来。

　　两个醉汉胡闹，周围的人怎么不去拉架呢？

　　不一会儿，两个人都不动了。奇怪，难道是他们觉得自己的行为无聊，自己停下了吗？还是怕丢人不说话了呢？

　　原来，那两个人都因为剧烈运动导致了缺氧，所以不动了。好在过了一会儿，他们慢慢坐了起来。

　　大家见他们没有大碍，便离开了。

　　第二天一早，丁钉和豆富起床跑步。他们呼吸着新鲜空气，觉得西藏的环境真好，没有污染，非常适合晨跑。

　　丁钉在前面快跑，豆富在后面追赶。渐渐地，丁钉觉得头痛胸闷，浑身无力。他停下来对豆富说："我有些不舒服，觉得头疼胸闷。"

　　豆富一改过去雄赳赳气昂昂的架势，点头说："我也有这种感觉，还浑身没有力气。这是怎么回事呢？"

　　丁钉无力地说："谁知道呢。"

　　"我们还是回去吧。"豆富也感到非常不舒服。

　　"呕！"丁钉无心回答，蹲到一边呕吐起来。

　　或许是受到了丁钉的刺激，豆富也感到恶心难控，呕吐起来。

他们出了一身汗，感觉吐完后似乎比之前好一些了，丁钉问："你感觉怎么样？"

豆富抱着头，难受地说："好一些了，不过头还是晕。"

"我们先回宾馆，跟姜老师说一声，去医院检查一下吧。"丁钉无精打采地说。

回到宾馆后，姜雅、迟兹和姜老师见他们不舒服，急忙把他们送到了医院。

医生检查后，说他们是出现了高原反应，只要注意休息就会好了。

"为什么会出现高原反应呢？"豆富不解地问医生。

医生微笑着解释："西藏位于青藏高原，海拔特别高，平均海拔在 4000 米以上，这里氧气的含量比较低，从低海拔的地方过来的人适应不了，就会出现高原反应。其症状是头疼、呕吐、胸闷、呼吸困难、失眠。严重的可能会造成死亡。"

丁钉和豆富不了解这里的情况，坚持晨跑锻炼身体，结果适得其反，幸好有惊无险。

"到高原地区旅游要提前做好准备。"医生继续给大家科普，"平日里要加强锻炼，还可以提前半个月吃减轻高原反应的药。初入高原者，应该多吃碳水化合物类、富含多种维生素、易消化的食物，并减少体力劳动。"

丁钉小组一边听一边点头。见丁钉和豆富没有大碍，他们谢过医生后便离开了医院。

丁钉小组离开拉萨，前往下一站。到达后的第二天早晨，他们都出现了无力、胸闷等症状。

"这是怎么回事呢？"豆富感到不解，"我们已经离开青藏高原，不在缺氧的环境下了，怎么还会出现这些问题呢？我们生病了吗？"

姜老师告诉他们："这是一种'醉氧'现象。"

"为什么氧气也会醉人呢？"迟兹十分不解。

姜老师说："人体适应了高原地区的低氧环境，重新进入氧气含量相对较高的地区后，会再次出现不适应，从而出现疲倦、无力、嗜睡、胸闷、头昏、腹泻等症状，这是一种'低原反应'，在医学上被称'醉氧症'。根据高原活动的时间、到达高度的不同，程度和持续时间也不一样，一般1～2周可自行消失。它同高原反应一样，也是正常的人体生理反应。"

丁钉小组明白了，旅游有着大学问呢，出发前要根据当地的地理环境和气候条件做好充足准备。

半路猴子添堵

丁钉小组的下一站，是去附近山上著名的猴子园看猴子。那里的猴子是野生放养的，游人可以近距离接触猴子，并给它们喂食物。姜老师临时有工作，留在宾馆加班，让丁钉小组自行前往。

丁钉小组来到山下，兵分两路：丁钉和豆富先去探路、买票；姜雅和迟兹到山下的商店买一些猴子爱吃的食物，准备去猴园喂猴子。

丁钉和豆富一边说话一边走，没有注意路标。走着走着，丁钉发现不对，怎么这条路上没有行人了呢？他查看一下周围，发现走错了路。

丁钉和豆富转身往回走，寻找正确的路。突然，一只大猴子从路边的树上跳下来，把丁钉和豆富吓了一跳。紧跟着，两只小猴子也跳了下来。

丁钉十分惊喜，他向前走了一步，想靠近小猴子，但是老猴子马上做出龇牙咧嘴的表情，然后伸出前爪做了一个"要"的动作。丁钉和豆富明白了，猴子们是要他们留下"买路钱"——食物。可是他们没有带吃的，而且他们走错了路，迟兹和姜雅也找不过来。他们只好把两只手摊开，表示没有吃的。

但猴子们没有让开的意思，依旧伸着手等着。

丁钉和豆富急得团团转，试图绕开猴子从旁边过去，然而，老猴子依旧龇牙咧嘴，挡住了他俩。

豆富没办法了，说："我看一下书包里有没有吃的，看来不给它们食物是走不了了。"

说着，豆富把包放到地上，拉开拉链，准备找食物。顽皮的小猴子立马围了上来，豆富没有理会，继续翻找。不料，小猴子从书包里抓起一个小包就跑，豆富一看急了，起身就追，但小猴子十分灵活，转眼就爬到了一棵大树上，豆富怎么跳都够不到它。

与此同时，另一只小猴子跳到了丁钉的书包上，试图拉开背包的拉链。丁钉一转头，正好碰到小猴子，跟小猴子来了个头对头的亲密接触。

"放下包，那是我的路费啊！"豆富大喊。

丁钉听到喊声，哪还有跟小猴子玩的心情，他一着急，猛地一转身，小猴子没抓稳，摔到了地上。

老猴子看到孩子被摔，气冲冲地凑了上来，它站起来几乎有丁钉高，挡住了丁钉的路。

豆富在树下又蹦又跳地喊着，小猴子没有理会，坐在树枝上想打开小包，结果怎么也打不开。小猴子左看看，右瞧瞧，不得要领，于是用嘴撕咬起来。包里的一些零钱掉了下来，豆富急忙去捡。他望着小猴子，大喊："包里没有吃的，赶快把包扔下来，不然我没有钱回家了！"此时的豆富真是要多狼狈有多狼狈。

小猴子找不到吃的，开始拿着包玩耍，扔来扔去。豆富在树下紧盯着它的动作，唯恐钱掉下来而自己没看到。

这边的丁钉，想帮助豆富却不能上前，生怕惹恼了老猴子，老猴子会攻击自己。

就在丁钉和豆富欲哭无泪时，远处走来一个男子。豆富如同见到了救星似的，急忙跑上前去，请求对方帮助。

来人50多岁，见此情景，说："小朋友，不要害怕，你看我的。"说完，他将手伸入衣兜虚掏了一下，然后两腿一弓，双手用力一拉，如同在拉弹弓一样朝着树上的小猴子瞄准。

小猴子看到后，发出吱吱的叫声，把包往地上一扔，转身跳到另一棵树上跑掉了。接着，地上的猴子也跟着离开了。

丁钉和豆富被眼前的事情搞蒙了，这是怎么回事呢？

"小朋友，受惊吓了吧？"那人说，"我以前在这

里干过保安，我们会用弹弓吓唬调皮的猴子，所以这里
的猴子都怕人们用弹弓打它。"

丁钉和豆富大开眼界，没想到这样一个简单的动作就救了自己。叔叔捡起被小猴子扔下的包，还给了豆富。

豆富感激地直说："谢谢叔叔。"

那人笑着摆摆手，给他们指了一条正确的路后便离开了。

丁钉和豆富急忙往回走，他们在这里耽误了太久，赶到猴园门口时，迟兹和姜雅已经到了，正因为找不到他们着急呢。

丁钉和豆富给他们讲了刚才的经历，两个人十分吃惊。

姜雅说："动物有可能会携带狂犬病毒，还好你们没有被猴子抓伤，不然还要去医院打狂犬疫苗。"

丁钉点点头，说："好了，我们耽误了太长时间了，快去买票吧。"

四个小伙伴买了票进了猴园，这次，他们带了充足的食物，不会再被猴子拦住不知所措了。

登雪山遇到雪崩

这年冬天，丁钉小组约上姜老师，准备去爬雪山。

他们要爬的这座雪山海拔 5000 多米，常年积雪。他们来到雪山脚下，只见山上白雪皑皑，雪峰高低不同，其中主峰最高，附近有一片连绵起伏的小雪山。

"我们能不能攀上最高峰呢？"豆富望着雪山，向往地说。

"这需要专业训练，没有经过专业训练的人一般不能登得太高的。"50 多岁的向导大叔给大家解释。

"为什么呢？"迟兹不解。

"一般到达 4000 米以上时，人就会有强烈的高山反应，如出现头痛、头晕、恶心、呼吸困难、心跳加快等症状。这是缺氧表现。严重的还会出现肺水肿、脑水肿等，甚至会危及生命。"很有经验的向导解释道。

"这么严重啊！"豆富的热情一下子跌到谷底。他在青藏高原曾出现过高原反应，那种感觉他可不想尝试第二次了。

　　丁钉小组边聊边攀登，海拔逐渐升高，他们身边的积雪也越来越厚。

　　眼前，巍峨的山峰插入碧蓝的天空，雄伟壮丽；晶莹的冰雪发出耀眼的光芒；绵延起伏的雪山向远处延伸。抬头，蓝天仿佛近在咫尺，似乎只需一把梯子就可以上到天上。此情此景让人十分激动，豆富不禁向着山顶大喊："朋友们，冲呀！"

　　"冲呀！"迟兹和姜雅被豆富感染，都大声喊起来。

　　"不要喊！"丁钉、向导和姜老师马上阻止他们。

　　但是已经晚了，只见雪地上慢慢地裂开了一条缝，积雪开始滑动。"不好！是雪崩！"丁钉虽然没有遇到过雪崩，但他深知其厉害，"大家手拉手向侧面跑，不能顺着雪崩的方向跑。"

　　大家急忙手拉手，一起向侧面比较高的地方跑去。

　　他们刚刚跑到一个比较高的地方，只听轰隆隆一阵巨响，山上的雪以惊人的速度下滑，将他们原来站立的地方覆盖了。

　　幸好雪崩的范围不大，否则，丁钉小组的处境会十分危险。

　　豆富差一点摔倒，幸亏姜老师一把拉住了他。站稳后，姜老师问："大家不要紧吧？"

"没有问题。"丁钉说。

"太危险了！"豆富看着眼前的场景，不禁有些腿软。

站在豆富身边的姜雅发现他的脸色苍白，问："豆富，你不舒服吗？"

"没事。"豆富实话实说，"是被雪崩吓的。"

"丁钉，为什么不能顺着雪崩的方向向下跑呢？"迟兹问。

"人奔跑的速度最快是每秒 11 米，猎豹在追捕猎物时闪电般的速度可达每秒 30 米，而雪崩的最快速度能够达到每秒 97 米。我们怎么能跑得过雪崩呢？"

"哎，我们的向导哪里去了？"迟兹发现了问题。

大家四下一看，目之所及都没发现向导，他肯定是被雪埋住了。

雪地已经平静下来，没有再发生雪崩的迹象，大家便小心翼翼地开始寻找向导。

"大家快来，在这里！"豆富发现雪下似乎有东西在动，急忙向下挖了挖，只见一只手从雪下伸了出来。豆富握住，用力往上拉，结果因为力气太小，他自己也滑了下去。幸好同伴们赶了过来，将他和向导拉了出来。

向导被雪呛到了，咳嗽了几声，总算平静下来。

"大叔，你还好吗？"豆富关心地问。

"没事。发生雪崩时，我发现不远处有一块突出的石头，下方形成凹陷，正好适合一个人躲在那里。我急忙跑过去，背对雪崩抱头蹲下。等平静后，我就开始往上爬。"

"大叔，你怎么知道自己是在往上爬，而不是往下爬呢？"迟兹感到好奇。

"我吐了一口口水，根据口水滴落方向判断上下。多亏你们的帮忙，不然我还不知道什么时间能爬上来呢。"

"大叔，雪堆里有空气供你呼吸吗？"豆富又问。

"有。"向导继续说，"雪崩停止后，我马上活动起来，这时的雪十分蓬松，里面还夹杂着空气。我赶紧往上爬，免得空气耗尽，无法呼吸。"

大家听了向导大叔的一番解释后，知道了很多应对雪崩的方法。

经历过这种事后，大家也没有攀高的兴趣了，便准备下山了。下山的雪路更不好走，大家只能慢腾腾地往下走。

"下山时，要踩稳再挪步。"姜老师提醒大家，"尽量降低身体的高度，这样可以降低重心，身体会比较稳。"

豆富一边走一边问丁钉："为什么喊声会引起雪崩呢？"

"陡峭的山坡上的积雪，同时受地球对它的引力作用和积雪内聚力的作用。"丁钉看书多，了解的知识也多，"地球的引力产生把雪往下拉的力；而雪的内聚力使雪彼此黏附着不能滑动，形成与地球引力相对抗的力。两者处于一种危险的动态平衡状态。当我们的喊声太大时，会引起积雪层的共振。当共振达到极限时，雪层就会发生变形，再加上雪比较松散，就可能发生雪崩。所以，登山时一定不能大声叫喊、唱歌等。"

"是我们自己引起了雪崩。"豆富后悔地说，"我们差一点被自己的无知断送了小命。"

"共振这么厉害呀！"迟兹感叹。

"是啊，"丁钉继续介绍，"历史上，曾出现过因共振现象导致的惨剧。有一支军队在通过大桥时，因为士兵的步伐整齐，引起了桥梁的共振，导致桥梁断裂坍塌，使不少官兵落入水中丧生。所以，过桥时，队形要散，不能整齐划一。这都是从教训中得来的经验呀。"

"原来如此。"豆富明白地点了点头。

受到野猪袭击

"广大旅客请注意，欢迎大家乘坐本车前往野生动物园，可以与野生动物近距离接触哦！"

"哎！大家听！"豆富提醒大家。

"你们想去吗？"丁钉询问。

"想！"这样的事情，他们怎么会不想呢。

丁钉小组交钱上了车，但越野车座位不够，姜老师坐不上，便在原地看包，等待他们。

丁钉小组十分兴奋，一路上，他们七嘴八舌地讨论着一会儿会看到什么动物，十分开心。

路边的景色不断向后闪过，兔子等小动物不时蹦蹦跳跳地出现在他们的视野里，一定是快到野生动物园了。就要和各种动物近距离接触了，丁钉小组的心情格外激动。

很快，汽车驶入了野生动物园大门，路旁的牌子上写着野生动物园汽车自驾游须知。司机停下车，让丁钉小组认真阅读。

司机确认大家看完后，发动车子进入了园区。大家不再说话，各自观察起来。

远处出现了一只野兔，在路边蹦蹦跳跳地玩耍。豆富眼尖，抓起相机拍照。他连拍了几张，但效果不佳，便打开车窗重新拍。

"豆富，你忘了旅游须知上说不准开车门车窗了吗？"坐在副驾驶位的姜雅提醒他。

"这里安全得很，没有野兽出现。"豆富不以为然。

"师傅，野兔不怕人，奔跑的速度也不快。我们开车应该可以追上它吧？"丁钉问，"会压到它们吗？"

"理论上可以，但是不能这样做。"司机不疾不徐地说，"曾经有司机看到野兔在路上奔跑，于是加速想追上它，但在路口时，兔子径直跑到沟里去了，车来不及转弯，也掉了下去，差一点造成车毁人亡的悲剧。"

车慢慢行驶着，不远处有一只大野猪带着小猪在活动。

"哎，野猪怎么出来了呢？"丁钉好奇地问，"野猪不是在黄昏和早晨才出来活动吗？"

"也许是来来往往的车扰乱了野猪的正常生活。"迟兹说。

"为什么小野猪体毛的颜色跟大野猪不一样呢？"

丁钉发现了问题。

"你不是动物爱好者吗？怎么连这个常识都不知道呀。"豆富开着玩笑，"那是小野猪的保护色，可以隐藏在丛林里，不被捕食者发现。"

"三人行必有我师。"丁钉说，"看来，我还得谦虚点。"

"师傅，能不能停一下，我们拍几张照？"姜雅说。

司机点点头，停下了车。大家举起相机开始拍周围的景色和动物。

小猪似乎被大家打扰到了，以为有危险，发出了哼哼的叫声。大野猪马上警觉起来，它的耳朵直立着，体毛也竖了起来，好像十分恼怒。看到这个景象，豆富十分兴奋，打开车窗对着野猪连拍了好几张。

说时迟，那时快，野猪突然向越野车冲来，丁钉一看不好，急忙将豆富拉了回来，伸手关上了车窗。随即，野猪嘭的一声撞上了汽车。好险！司机一看不好，马上加速，冲了出去。

野猪还在后面追赶，只听啪的一声，好像是野猪撞到了车上。

大家都十分紧张，他们没有想到会遇到这种事情。

豆富十分自责，都是自己惹的祸。

司机紧张地开着车，他弓着身子，握紧方向盘，死盯着前方，生怕开得慢了，再被野猪追上。

不过野猪好像撞昏了头，在原地转起圈来。

好险！如果野猪继续追下去，也不知会出现什么危险。

司机根据指示牌，把车开到了安全的地方。他停下车查看，幸好越野车比较坚固，野猪的冲击没有造成损伤。

丁钉小组这时也是一阵后怕，到野生动物园参观，一定不能做打扰动物的事！

玩漂流遇险

一路上，阳光明媚，绿树成荫，远处的群山绵延起伏，一座座大山重重叠叠地蔓延开来。这里是山的世界，怪石异峰，充斥其间。

这片山区中的两座山之间有一条河，还有两个小瀑布。当地人根据地理环境，将其改造成了适合漂流的河道，很多人慕名而来。

丁钉小组来到漂流的起点排队等待，姜老师因为生病不适合漂流，所以乘车去终点等他们。

半个小时后，终于排到丁钉小组了。他们兴高采烈地穿上救生衣，踏上了漂流船。

船上包括丁钉小组总共5人，另外一人是船手。

起初，河水不急，小船行驶平稳，似乎感觉不到小船在前进，但可以看到岸边的景物在后移。

过了这一段河面后，出现了一个不大不小的陡坡，河道较窄但河水流速极快。小船急速落下后上浮，十分刺激。

但丁钉没有抓好，颠簸之下竟一头栽进了水里。落入水中的丁钉立马转身上翻，用手划水，双脚向下蹬，借助救生衣的浮力浮出了水面。但水流比较急，丁钉再一次被卷入水下，情况十分危急。

这时，船手一手抓住把手，一手一把抓住了丁钉的救生衣，把丁钉拉出了水面。大家一起把丁钉拉上了船。

"咳咳！"丁钉虽然会游泳，但事出突然，水流太急，他还是呛了一口水，咳嗽不止。

之后的一段河道水流比较平稳，大家再没有遇到意外。

10分钟后，前方出现了一个高约4米的瀑布。船手不敢再掉以轻心，提醒大家说："请大家牢牢抓住把手，不管遇到什么问题都不要松手。"

这次，丁钉小组接受教训，不敢怠慢，用力抓住船边扶手。

"咣！"大家身体一震，船落到了瀑布下。大家坐得平稳，没有出现意外。

"哇！"大家大喊，"太刺激了！"

漂流过两个瀑布，水流变得比较平稳了，丁钉小组欣赏起周围的风景来。两岸的景色十分秀丽，山上被树木覆盖着，岸边长满了不知名的花儿，五颜六色，十分迷人。在这样的环境下乘小船畅游，十分惬意。可惜小船很快就到达了终点，漂流结束了。

"哎，路程竟然这样短。"豆富遗憾地说。

"还没过瘾吗？"姜雅转头看向丁钉说，"你问丁钉过没过瘾啊！"

"去去去！"丁钉不好意思起来。

"哎，大家发现没有，"豆富说，"你们看，我们漂流的这一路上，河道都是弯弯曲曲的，这是怎么回事呢？"

迟兹望着弯弯曲曲的河道思考着，说："河流会受到一种名叫'地转偏向力'的力的作用，使河流一侧受到的冲刷比另一侧重。虽然这个力的作用十分微弱，但长此以往，冲刷重的一侧就会凹陷下去，形成弯弯曲曲的河道。而且河道的土质结构也不是完全相同，土质疏松的地方容易被水流冲刷成一个弯；土质硬的地方受冲刷程度弱一些，河岸就会凸出一块来。"

"没想到迟兹这么了解河流。"丁钉称赞道。

大家一边说，一边向出口走去。

山涧隐藏着激流

丁钉、豆富、姜雅和迟兹与姜老师汇合后，他们来到附近一处美丽的山涧游玩。这个山涧比较宽，潺潺流水在石头的缝隙中流淌。

山涧两侧的山坡上长满了野草、灌木和树木，郁郁葱葱。

山涧很长，有不少人在玩水。山涧里的水不深，清澈见底。

有人在看水里面有没有鱼虾；有人翻起一块一块小石头，看看有没有小鱼在下面；还有的人干脆坐在溪水边的大石头上，将脚伸到水里泡着，跟同伴聊着天，看起来十分惬意；也有些调皮的孩子，比如丁钉小组，跑来跑去，他们从一块大石头上跨到另一块大石头上，好不快乐。

丁钉看到大家玩得十分欢快，怕有人摔倒，便提醒道："大家慢一些，步子要稳，别摔倒。"

"没有问题。"其他人回应。

他们继续玩闹着，这时，姜老师发现石头间的流水变多了，流淌得也急了，山涧上游似乎还传来轰轰的声音。他心里一紧，猜测很可能是上游出现了洪水，再待在这里玩太危险了！

他马上大喊："上游来洪水了，大家赶紧离开这里！"他一边喊着一边向丁钉小组在的地方跑了过去。

在这里游玩的人不少，有人听到姜老师的呼喊后，赶紧向两岸爬去；但有些人还在自顾自地游玩，认为这是恶作剧，艳阳高照，万里无云，怎么会有洪水呢。

丁钉听到姜老师的喊声，再看水流急了起来，马上喊："我们快点上岸，快跑！"

"有这么严重吗？"豆富不以为然地说，"我们再玩一会儿吧。"

"不行！你没看到大家都在向高处跑吗？！"丁钉急了，拉起豆富就跑，一边跑一边喊，"姜雅、迟兹快跑！"

"听到了！"姜雅和迟兹手拉手向岸边跑去。

姜老师也过来了，问："大家没事吧？"

"没事。"

大家一边说一边跑，他们爬到山坡上，跟着大部队停下脚步，转身向下望去。

只见山涧间有一对年轻夫妇正站在一块大石头上，

他们看着别人向两岸跑去，不为所动，似乎是笃定姜老师在恶作剧，不会发生洪水。

不一会儿，溪水已经漫过了石头，他们的鞋也被冲湿了，两个人害怕起来。男生拉着女生的手拼命向岸边奔去。女生脚下一滑，鞋子脱落，被激流冲走了。她想去抓鞋，男生说："不要鞋了，命要紧！"一边说着一边拉着女生向高处奔去。

这对夫妇刚奔到山坡上，上面的洪水就轰隆隆地下来了，势如破竹，锐不可当，水面急速扩张。瞬间，山涧里的石头都被淹没了。

"大家看到了吧。"丁钉心有余悸地说，"叫你跑，你还想再玩一会儿，再晚一点，我们就要给你开追悼会了！"丁钉一边说一边瞪着豆富。

"吉人自有天相，大难不死，必有后福！"豆富强词夺理。说完，他伸了伸舌头，感觉十分后怕。

"为什么会发生洪水呢？"有人问，"我们这里明明天气很好。真是不可思议。"

"是啊，我活了这么大岁数，第一次遇到这种事情。"一个年过半百的人感慨。

一个中年人解释说："这里的山峰延绵数百里，我们这里是晴天，远处我们看不到的上游地区很可能是阴天、雨天，甚至是在下暴雨。当上游地区出现暴雨时就会造成水位上涨，形成洪水冲下来。"

"幸亏刚才有人提醒，不然我们真有可能被这突如其来的洪水冲走。"另一位游客后怕地说。大家都向姜老师投来感激的目光或点头致意，丁钉小组也向姜老师道谢。

面对滚滚的山涧洪水，游客们经历了一次惊心动魄、终生难忘的旅游。

观海遭遇危险的大潮

丁钉、豆富、姜雅和迟兹生活在内陆地区，平日里见到的都是高山、丘陵，没有见过大海；他们吃惯了羊肉、牛肉，但很少吃海鲜。

大海到底是什么样子？波浪有多大？海水是蓝色的吗？……与大海有关的问题，都是丁钉小组感兴趣的。一提起大海，他们要多兴奋有多兴奋。

他们的下一个目标就是海滨城市。

火车上，丁钉问同伴们："我们这一次去海边，都要做什么呢？"

"到了海边当然要感受一下海水，在海边走一走。"豆富对大海十分向往，大海真的无边无际吗？海水能够咸到什么程度呢？

"一定要洗海水澡。"姜雅的要求也不高。

"捡海螺！"迟兹对海滩最深刻的印象就是在书上看过的捡海螺的场景，多有意思啊！

丁钉、豆富、姜雅、迟兹和姜老师乘了十几个小时的车，大家都觉得比较累，想好好休息一下。但丁钉四人看海心切，怎么会到旅馆里歇着呢？最后，还有工作没有完成的姜老师留在宾馆，其他人乘坐出租车来到了海边。

一下车，丁钉小组就被眼前的大海吸引住了。现在正是涨潮的时候，海浪从远处的海面上滚滚而来，冲向礁石。在大的礁石面前，海浪会哗一声被击碎成大小不同的水滴；遇到矮小的礁石时，海浪会毫不客气地漫过，冲向前方。哗哗的海浪勇往直前，不知疲倦地冲击着岸边礁石，震撼着人的心扉，洗刷着人的心灵，让人感受到海浪的力量。

丁钉站在岸边，望着看不到边的大海，感慨道："原来大海这么广阔，海浪这么有力量。"

豆富弯腰捧起一捧水，仔细一看，问："为什么海水在手里是无色的，在大海里就是蓝色的呢？"

"太阳光散射后分为红、橙、黄、绿、青、蓝、紫7种颜色。当太阳光照射到大海上时，波长较长的红光、橙光、黄光、绿光被海水吸收了。而蓝光、紫光由于波长较短，遇到海水就会向四面八方散射开来，或被反射回去，进入我们眼中。我们的眼睛对紫光不敏感，所以，我们看到大海的颜色是蓝色的。海水越深，被散射和发射的蓝光就越多，看起来海水的蓝色就越深。"姜雅解释。

"原来是这样啊。"豆富说，"你了解好多关于大海的知识呀。"

"还好还好。"姜雅谦虚道。

"那边有堤坝，还有不锈钢护栏，环境不错，我们过去看一下。"迟兹发现远处有一个好玩的地方。

只见那边的堤坝比较高，延伸到海里，可以更好地观赏大海的美景。

他们来到堤坝上，这里风很大，浪很急。

"为什么这里的人不多呢？"姜雅有些疑惑。

"是不是这里风大浪急，人们不愿意过来呢？"豆富猜测道。

"今天的风好大，我们还是回去吧。"迟兹说，"等明天天好时再来。"

豆富不同意："我们就出来玩几天，不能浪费时间呀！"

"是啊，我们应该珍惜游玩的时间。"丁钉热爱大海，一直想来海边游玩，但总没有机会。现在机会来了，怎么能浪费呢！

迟兹和姜雅也被说服了。到海边旅游机会难得，风大点，浪大点，他们也不怕。

于是，他们沿着堤坝继续向大海里走去。

不一会儿，风浪更大了，一浪高过一浪。

波浪不时将海水泼向堤坝，不多时，堤坝上已经积了一层浅浅的海水。

　　"丁钉，今天的风浪是不是太大了？"姜雅有些担心，"堤坝上都有积水了，这里也没人了，我们还是赶紧回去吧。"

　　"你说得对，我们马上撤！"丁钉领着大家向岸边跑去。

　　海浪汹涌而来，一个大浪漫过堤坝，把丁钉他们扑倒了。没等他们爬起来，就被海水后撤的力量拉着向后滑去。幸好他们紧紧抓住了身边的护栏，才没有被海浪拖走。

　　待大浪退去，他们急忙爬起来，呼喊着向岸边跑去。

　　幸好，就在丁钉他们被海浪扑倒时，岸上有人发现他们有危险，已经联系了海边的公安消防。最终，丁钉小组在大家的帮助下，顺利脱险。

　　原来，这一天海上风力很大，再加上正是涨潮的时候，所以海浪比平日里高很多，这种情况下很容易造成人员伤亡。

　　在强风天气里观海景，一定要与海水保持安全距离，否则很容易发生危险。

赶海险境

第二天一早，丁钉、豆富、姜雅和迟兹早早起床，给还在睡梦中的姜老师留了个信息后，4个小伙伴又来到了海边。

只见沙滩上有人提着水桶不知在捡着什么。他们在干什么呢？丁钉小组凑上前去，发现人们是在捡海蛤。

海蛤生活在泥沙里，人们用手在海滩上轻轻一抠，就捡到一个，挺有意思的。豆富嘴甜，问捡海蛤的中年妇女："阿姨，你怎么确定哪里有海蛤？"

阿姨笑着解释："你看，有些海蛤的一端露在外面，你能直接看到它；还有一些你走到它身边的时候，它会急忙把壳一闭，出现一团水；有些地方有一团黄色的东西，这是海蛤的排泄物，根据这个也能找到它。"这位阿姨是一位热心肠的人，一边说着，一边示范着，一会儿就捡到不少。

丁钉他们凑到阿姨的小塑料桶前，只见小桶里装着小海螺、牡蛎、海蛤、海星等海鲜，这更加激起了他们捡海鲜的欲望。

他们没有带小桶，丁钉环视了一下周围，说："你们先捡，我去岸边的商店里买个小桶。"

"好的，快去快回。"豆富、姜雅和迟兹异口同声说道。

丁钉很快就回来了，大家已经捡到不少海鲜，装了小半桶。

正是退潮的时候，大家跟着退去的海水向前走着，不知不觉间已经走了很远。这时，前面一条水比较深的小泥沟拦住了大家的去路。

海里的小泥沟是由于海水流速比较快，水流将松软的泥沙带走后形成的，有宽有窄，涨潮或退潮的时候，海水在泥沟里的流速比较快。

豆富问身边的人："叔叔，这条沟不能过吗？"

"等一等，等潮水再退一退，水会很浅，我们就可以过去了，那边的海蛤更多。"那位叔叔不紧不慢地说。

大家在周围的浅滩上继续捡着，一会儿，小泥沟里的水不深了，大家过了沟，继续往前走着。

丁钉小组跟着人群追赶着海潮捡海蛤，不知不觉已经过了三条泥沟。

快乐的时间过得很快，丁钉对大家说："赶海真有意思，玩着海水，捡着海蛤，比什么都好玩。"

"说得对。"豆富打趣地说，"还能吃上海鲜，要多美有多美。"

"我们要准备往回走了。"姜雅看到有些人开始往回走，提醒大家。

这时，迟兹发现了一处水洼，那里水很浑，他十分好奇，伸手在里面摸了一下。只听嘭的一声，一条大鱼蹦出水面，随后又落回了水里。迟兹喜出望外，马上又摸了起来。这一次，他摸了半天都没抓住。他灵机一动，用双手捧水向外舀，很快水就见底了，鱼在水底游来游去，仓皇逃命。迟兹忙伸手将它逮住了，然而鱼把尾巴一摆，再一次逃脱了他的双手，又落回水中。这次，他弯下腰，从它的头部下手，牢牢地逮住了它。

迟兹急忙向丁钉他们高喊："哎！你们看我逮到什么了！"

大家一看是一条大鱼，急忙跑过来。

豆富接过鱼，说："这鱼好大，怎么会被'旱鸭子'给逮着了？"

"我是'旱鸭子'，你是什么呀？"迟兹马上反驳。

豆富眼睛一转，说："我是'海鸭子'。"说完，大家哈哈大笑起来。

他们把鱼放进桶里，并用其他海鲜压住，避免它蹦出来给大家添麻烦。

这时，海水开始涨潮，迅速地往上涌来。周围赶海的人都已经离开了，唯独他们四人还在原来的地方徘徊。

海水上涨得很快，泥沟里的水开始哗哗地往上涌。

"不好，大家赶快向回走！"丁钉发现问题不妙，催促道。

丁钉小组走了不远，就遇到了一条小泥沟，此时海水已经追上他们了。

"我们已经被海水包围了。"豆富有些害怕。

丁钉试探着踏进泥沟里，泥沟里海水流得很急，水位已经快到腰部了。他安慰大家："水流有些急，但是不要怕，我在前面，你们跟紧我。"

海水虽急，但幸好泥沟不是很宽。

丁钉率先过了泥沟，他回头先从豆富手中接过小桶，又用另一只手把豆富拉了过来。豆富没站稳，呛了一口海水。他一边咳嗽一边吐口水："呸呸！海水真是又咸又苦。"

丁钉顾不得他，转身又把姜雅拉了上来。他接着去拉迟兹，谁知手一滑没拉住，迟兹失去平衡，一头栽进了海水里。丁钉眼疾手快，一把抓住他的衣服，把他拽出了水面，拖着他的胳膊拉上了岸。

现在的他们，要多狼狈有多狼狈。

"快走！"丁钉提着小桶催大家赶快向前赶。他清楚地记得还要跨过两条小泥沟才能到达岸边。在丁钉的催促下，大家不敢有半点怠慢，虽然腿很累、很疼，但还是咬紧牙关向前赶。

第二道小泥沟比较窄，大家使劲一迈就顺利过去了。

这让豆富觉得小泥沟没有什么可怕的，便说："累死了，我的腿又疼又酸，已经抬不动了。要不我们休息一下吧。"

"这怎么行！我们要赶紧走，不能停留。最后一条小泥沟又宽又深，我们不能耽搁。"丁钉严肃且果断地说。说完，他一只手拎着小塑料桶，一手拉着豆富向前跑起来。其他人也不敢有半点怠慢，都跟着小跑起来。

很快，他们来到了最后一条小泥沟前。

小泥沟大约3米宽，丁钉严肃地说："过了这条泥沟就安全了，我带头，大家跟上！"只见丁钉一手将塑料桶托在水面上，一手划水，向对面游去。很快丁钉就游出泥沟，他急忙回过身，伸手拉其他人。

姜雅率先游到岸边，丁钉伸手将他拉上了岸。随后，姜雅又把在他后面的迟兹拉了上来。

豆富在最后，丁钉忙伸手拉他，谁知他一脚踩空，一头栽到水里，喝了一口海水。幸好豆富反应快，猛地蹿了起来，被丁钉一把抓住胳膊拉上了岸。

豆富咳嗽了几下，说："妈呀，太危险了。"

丁钉查看了一下大家的状况，见没什么大碍，便催促他们继续往岸边走。丁钉一边走着，一边总结说："这次的教训太深刻了。到海边赶海一定要了解当地的潮汐状况，免得吃亏。"

"是啊，这叫'吃一堑，长一智'啊！"豆富深有感触。

说着，他们已经追赶上了前面的人群。

仅差一点点的车祸

这天中午，丁钉小组吃过饭后，步行向海边出发。

人行道边的树木栽了很多年了，树干比较粗，树冠很大，走在树下可以避免阳光直射。知了在树上不知疲倦地叫着，似乎在说它不怕热。

一路上，他们一边欣赏着路边的风景，一边海阔天空地聊着天。

走着走着，他们来到一处十字路口，前方亮起了红灯。

丁钉小组停下脚步，向周围张望，等待红灯结束。

突然，有一个阿姨像是没有看见红灯一样，没有减速，骑着自行车径直横穿马路。这时，从另一个方向，一辆正常过绿灯的车急速行驶过来。"吱——"，司机紧急刹车，停在了这位阿姨身边。阿姨见汽车驶来，惊慌失措之下摔倒了。周围行驶的车也都停下来。

丁钉他们急忙跑了过去，看这位阿姨有没有受伤。

不幸中的万幸，她没有被汽车撞到，车的前轮只是碰到了她的衣服。

丁钉和豆富急忙把阿姨扶起来，问："阿姨，你有没有受伤？"

"没有，只是摔了一跤。"阿姨说，"手擦破了一点皮。"

司机也下车，询问："阿姨，需要到医院检查一下吗？"

"不用了，"阿姨说，"都是我不好，我父亲病了，我刚到医院买了药，想赶紧回家，让父亲吃药，骑车就急了点。"

"阿姨，你没有看到前面是红灯吗？"迟兹感到不解，为什么要闯红灯呢？

阿姨脸红了起来，不好意思地说："我是一位红色色盲患者，不能分辨红色，请这位师傅谅解。错误在我，我耽误大家时间了，不好意思，不好意思。"

就这一会儿的工夫，路口处已经堵了一长串车了。

丁钉和迟兹扶着阿姨、豆富推着自行车向路边的人行道上走去，姜雅和姜老师跟在他们身后。过了十字路口后，阿姨再次向他们表示感谢后便离开了。

姜雅好奇地问："色盲是怎么回事呀？"

"色盲分为全色盲、红色盲、绿色盲、蓝黄色盲等。"丁钉对这方面的知识了解得比较多，说，"像这位阿姨是红色色盲，不能分辨红色，会把红色看成暗色。"

"哎，这样的人不能当汽车司机呀。"迟兹说。

"是的。"丁钉打开了他的话匣子，"1875年，在瑞典拉格伦曾发生过一起惨重的火车相撞事故。那位司机同刚才的这位阿姨一样，是一位色盲患者，他无法辨别刹车灯的颜色，没有及时刹车，结果造成了两列火车相撞。"

"色盲症是怎么发现的呀？"豆富喜欢打破砂锅问到底。

"色盲是英国科学家约翰·道尔顿首先发现的，所以又称'道尔顿症'。"丁钉继续说道，"道尔顿母亲生日那天，他买了一双棕色的袜子准备送给母亲，但家人都说袜子是红色的。经过不断研究，他成为第一个发现色盲的人。"

"怪不得体检的时候要进行辨色力检查呢。"迟兹附和着说。

"是啊，那次火车车祸后，辨色力检查便成为体检的必备项目。"丁钉补充道，"色盲这种疾病也引起了科学家的注意。"

说笑间，他们已经来到了海水浴场。

洗海水澡的意外

中午天气炎热，在海边游玩的人特别多，用人山人海来形容一点也不过分。

丁钉小组来到海边时，海边已经挤满了人。男女老少齐上阵，整个海滩满满当当的。

姜老师帮他们在海边商店买好泳裤后，找了个阴凉的地方坐下，帮大家看东西。

丁钉小组麻利地换上泳裤后，开心地向海边跑去。

起初，他们不敢走得太深，就在海边嬉戏着、欢闹着，玩了一会儿，大家决定往深处走一走。

因为丁钉四人都会游泳，所以他们没带游泳圈。他们往前走着，直到海水到达胸口时才停下。他们在这里你追我赶，四处撒野。

四个小男子汉一会儿踩水，一会儿蛙泳，一会儿打水仗，花样玩足了，他们也玩累了，便回到沙滩上玩起来。

丁钉说："我们用沙子把自己的身体埋起来，躺着晒太阳怎么样呀？"他看到周围很多人这样玩，也想跟着玩一玩。

"你自己玩吧，我可不玩这个。"豆富说，"我以前在电视里看到海滩上有人用沙子堆成城堡、长城等，再被海水冲垮，十分羡慕，现在我要实现这个愿望。"

豆富这样一说，迟兹马上附和道："我也要用沙子堆城堡，堆'拦河坝'。"

"我也去！"姜雅跟着豆富和迟兹一起去堆城堡了。

豆富他们用沙子堆城堡和小桥，不一会儿，海水涨了上来，一个海浪打来，哇！他们的沙建筑物被荡平了，真有意思。

这时，丁钉自己玩够了，也来到豆富他们这边。丁钉看着周围的沙子，问："你们知道沙滩是怎样形成的吗？"

"我知道！"姜雅说，"岩石在空气中会受到风化作用，特别是风吹起的石子对岩石的击打作用；在水中，它们还会跟其他岩石碰撞、摩擦。这些作用使巨大的岩石逐渐变成细小的沙子，再经过长年累月的堆积，最终形成了沙滩。"

"没错。"豆富赞同道，"海边的石头没有棱角，也是因为摩擦、风化的作用。"

一个海浪打来，又激起了他们游泳的欲望。丁钉说：

"我们再下去游一会儿泳怎么样？"

"好！"大家响应。

丁钉他们在海浪中游着，十分快乐。

突然，他们身边的一位老者急忙向岸上跑去，边跑边喊："不好！大家赶快上岸，来了离岸流。危险！"

老者表情十分严肃，丁钉他们不敢有半点怠慢，急忙拉着身边的伙伴往岸上跑去。

回到岸边的老者随手捡起一块木板，扔到他所说的离岸流那里，木板像是被一股力量吸住似的，迅速地向与岸边几乎垂直的大海深处漂去。

大家看得目瞪口呆，奇怪，木板应该随着海水漂到岸边才对，怎么会漂向大海深处呢？

老者见岸上的人脸上露出惊吓之色，说："刚才大家见到的海流是离岸流，也叫裂流，是海浪与海底共同作用下产生的一股窄而强劲的水流，它会以垂直或接近垂直的方向流向大海。如果人处在离岸流里，会被迅速带离岸边，十分危险。"

"原来如此。"丁钉说，"怪不得您扔的木板会向海里漂去呢。"

"我是本地人，夏天喜欢在海边游泳。"老者不疾不徐地说，"前些年我碰到过有人被离岸流拉下水淹死了，从那之后，我在游泳的时候十分注意海水的变化。我刚才发现海浪有所变化，马上想到了这个问题，所以我急忙喊大家上岸，免得出现危险。"

豆富问："爷爷，如果被离岸流带走了怎么办呢？"

"可以自救。"老者严肃地说，"可以向与海岸线平行的方向游，切记，不能垂直向岸边游！如果人试图逆流向岸边游，可能会因为体力消耗殆尽或是抽筋引发溺水事故。"

发生了这种事情，大家哪里还有游泳的兴致。丁钉小组与姜老师汇合后，离开了海水浴场。

外出遇到台风

按照丁钉小组的计划，第二天，他们的目的地是植物园。

晚上，他们看天气预报时，发现第二天会有台风，他们的心情一下子冷却到冰点，如果真来了台风，岂不是要在宾馆里待几天，真是"天有不测风云"。

第二天一早，早起的丁钉叫醒大家："懒鬼们，起床吧！"

睡眼蒙眬的豆富闭着眼睛说："嚷嚷什么呀！今天有台风哪里也不能去，还是睡个懒觉吧。"

"喂喂，你睁开眼睛看一看，今天天气多云，风也不大，我看不像是有台风的样子，至少上午不会有台风。"丁钉大声对大家说。

大家来到窗边一看，天空中飘着云彩，公路两旁的树枝微微摇摆着，看起来风并不大。

"多云的天气更好！"豆富高兴地说，"现在的风也不是很大，不影响我们外出。"

于是大家麻利地起床、洗漱、吃饭，半个小时后，他们跟姜老师打了声招呼就出门了。

丁钉小组住的宾馆距离植物园不是很远，他们商量后决定步行前去。

他们走在人行道上，天空中的乌云快速移动着，风徐徐地吹着。这样的天气十分适合外出游玩，不晒也不热。

他们一边聊天一边走，很快就来到了植物园。这里青草遍地，树木郁郁葱葱；灌木丛也十分茂密。目之所及都是绿色，像是一片绿色的海洋。

池塘里的荷花开了，花瓣很大，如同仙女般亭亭玉立；白玉兰的花儿如同佛手似的……

丁钉他们一边走一边欣赏着，十分愉快。

"大家看前面那棵树！"姜雅眼尖，发现前面有一棵特别高大的树木。

大家抬头望去，这棵树有 4 根高大的枝条，仿佛正在向人们招手致意呢。

大家走近一看，原来这是一棵银杏树，看树木标签，它已经有 500 年的历史了。这棵银杏树的树干直径足有50 厘米，中间的枝条不知何时被截去，截面的基部长出了对称的 4 根粗壮的枝条。迟兹兴奋地说："如果能爬上去，坐在那里观赏风景，应该十分惬意。"

"那我们爬上去玩一玩？"豆富笑着征求大家的意见。

"得了吧，没看见旁边竖了一块牌子，写着'请勿攀爬'吗？"丁钉急忙阻止。

植物园很大，丁钉小组在里面转了很长时间。他们游览完后，豆富看了看时间，说："已经下午两点了，我们还没有吃饭呢。"他刚说完，迟兹的肚子就咕咕噜噜响了起来，迟兹说："你不说还好，这一说我的肚子马上就有了反应，我们应该找个地方吃饭了。"

大家纷纷点头，准备找地方吃饭。

就在他们寻找餐馆的时候，风力不断加大，还淅淅沥沥地下起小雨来。

"哎呀！真是'六月天孩子脸，说变就变'。"姜雅担心地说，"看来台风已经来了，我们要赶紧回旅馆。"

丁钉小组顾不上吃饭，赶紧往旅馆跑去。

不多时，风更大了，风催雨猛，密集硕大的雨点落到了房屋上、行人身上，砸在路边的水洼里，荡起了一串串水泡。

大风用力摇曳着路边的树木，唯恐树木不向它低头弯腰。

风呼呼地刮着，有人打着雨伞，啪的一声伞被折断，人也被风刮倒；有人被风吹倒后，在水泥路面上滑行了一段距离才停下；骑电动车的人就更惨了，咣的一声，电动车被刮倒，人也摔出去了……台风造成了严重的交通事故。

丁钉弓着身子，降低重心，免得被刮倒。他抬头看了看，大声对大家说："这里是个十字路口，风力特别大，我们要马上转移到比较安全的地方。"

"快走！到前面那家超市避雨。"豆富大声附和道。

"大家注意啊！"姜雅大声喊，"一定要避开临时建筑物、广告牌，小心东西被刮倒掉下来砸伤我们！"

他们一边喊着，一边弓着腰向超市的方向奔去。

咣的一声，一棵大树被大风刮倒，不偏不倚地砸在停在树下的小轿车上，轿车的顶盖顿时被砸扁。幸好司机刚刚离开，否则十分危险。

在丁钉他们前面的马路上，一辆载满货物的货车紧急刹车停了下来。司机打开车门跳下车，滚到路边的草坪上了。只听嘭的一声，那辆货车被刮倒了，车上载的黄瓜、西红柿等蔬菜滚了一地。

这样大的台风，实在是太危险了。这时一阵风刮来，把丁钉吹倒了，雨水砸在他的脸上，丁钉被呛得直咳嗽。他急忙用手抹了一把脸，大喊："我们快去超市！"

超市里有几个年轻人在避雨，他们看到丁钉小组行动艰难，急忙出来帮忙。他们搀起这几个小男子汉，向超市跑去。

丁钉他们的衣服早被大雨淋湿了，一个个如同落水鸡，要多狼狈就有多狼狈。大家给姜老师留言报了平安，然后在超市里等待台风施完"淫威"。

事后大家才知道，这次台风给当地造成了巨大的损失。

丁钉说："以后只要听到有台风来临的消息，我就绝对不会出门了。"

"是啊，简直是在玩命。"几个人随声附和。

好奇引发的危险

这一天，丁钉小组决定去市里逛一逛，参观一下旅游景点，尝一尝特色小吃。因为是在市区里，姜老师就让他们独自活动了。

逛着逛着，丁钉小组经过一家海鲜店，只见店门口围着一群人，不知在干什么。

好奇心十足的豆富眼睛马上亮起来，对大家说："你们看，前面围着好多人，我们也过去看看吧！"

"没有什么好看的。"丁钉不以为然。

"围那么多人也与我们没有关系，不要往人多的地方钻。"姜雅也不赞成去看。

"围的人多不一定是好事。"迟兹反对。

"哎呀！你们怎么一点好奇心也没有？"豆富说，"我曾经看过一段话，说好奇是人类的天性，是活力的保证，是一切创造的动力。可以说，没有好奇心，就没有发明创造。居里夫人也曾说过：'好奇心是学者的第一美德。'"

"你不要强词夺理好不好？"丁钉觉得他不应该这样理解好奇心，"发明创造的好奇心是指对一些事物好奇，不断探索，找出问题，加以改进，最终有所发现，有所创新。而你是看到前面有很多人聚在一起而产生好奇心，那是贪玩，这与发明创造没有半点瓜葛。"

"哎呀，我不就是想劝你们去看看嘛，我们闲着也是闲着。"豆富继续劝大家："走啊，不看白不看，看了也不花钱！"说完，他拉着身边的姜雅和迟兹就走。丁钉无法劝阻，只能不情愿地跟在后面。

人围了很多层，豆富他们来到人群外围，看不到里面在干什么。豆富询问周围的人后才知道，原来是卖海鲜的人短斤少两引发了争执。吵着吵着，买卖双方就动手打了起来。

打斗中，卖海鲜的人处于劣势，他一看不好，便想溜回自己的店里。他用力推开周围的人，向外挤去。

此时，豆富正因为看不见而在往里挤，结果被撞倒在地上。他几乎是向后仰躺着倒下去的，在即将倒地时，豆富急忙一转身，使身体侧面着地。卖海鲜的人把周围的人推了个人仰马翻，不少人摔倒在地，还有人倒在了豆富身上。"妈呀！压死我了！"豆富大喊。

丁钉他们听到豆富的喊声，马上赶了过去，他们拉起豆富，扶着他离开人群。丁钉问："豆富，你感觉怎么样？有没有受伤？"

豆富抹了一把脸，蹦了蹦，说："我怎么会有事呢？"看起来没有什么大碍。

"我们怕你有问题，又要哭鼻子了。"迟兹挖苦道。

"我怎么会哭鼻子呢！"豆富嘴硬。

就在丁钉小组询问豆富时，另一个被撞倒在地上的人站起来后，又一头栽倒在了地上，不省人事。周围的人急忙拨打了120。

"这人被撞倒后，仰面倒……倒在了地上，可能是……是摔到后脑勺了。"一位青年人磕磕巴巴地说。

不一会儿，那人便被救护车接走。

随后，围观的人也陆陆续续地离开了。

"这真是一次深刻的教训。"姜雅感慨地说，"人群聚集的地方会有潜在的危险，我们不应该凑上前去围观。"

"是啊。"迟兹说，"人群聚集的地方很容易出现踩踏事故。我们看到这么多人聚在这里时，应该马上意识到可能出现的潜在危险，及时离开，不该凑上前去看热闹。"

丁钉赞同道："以后我们要多动脑子，时时刻刻严格要求自己，不能意气用事，图一时痛快，而造成不应该出现的问题，让父母担心。"

"是啊，我以后一定注意。"豆富意识到大家都在帮助自己，"不会再出乱子了。"

见豆富没有大碍，丁钉小组便继续逛了起来。

不知不觉上当

这座城市的海底世界非常有名，这也是丁钉小组的下一个目的地。在海底世界，他们可以看到形形色色的海洋动物，还可以观赏《聊斋》《白蛇传》《逃出恐龙岛》等节目。

为了提高效率，豆富提议说："我们兵分两路：一路去买食品，以免游玩的时候饿了；一路去买票。大家说怎么样？"

"这点子不错。"迟兹说，"可以节省时间。"

"好呀！"丁钉也赞成。

姜老师说："我、丁钉和迟兹去买票，豆富和姜雅去买食物。"

就这样，他们分头行动了。

豆富和姜雅买好零食后便向海底世界走去。走了不远，一辆小轿车停在他们身边，司机客气地问："小朋友，请问去海底世界怎么走？"

"沿着这条路直走，在十字路口右拐就到了。"豆富热心地说。

"好的，谢谢！"开车的司机很有礼貌，"你们要去哪里呀？"

"我们也是去海底世界。"姜雅回答。

"正好顺路，我把你们捎过去吧？"司机十分热情。

豆富看了看姜雅，姜雅点了点头，便说："好的，谢谢叔叔。"说完，他们拉开车门，坐在了后排。后排还有一个阿姨坐在那里，豆富和姜雅齐声说："阿姨好！"司机见豆富和姜雅坐好，便开车了。

阿姨笑着问："你们是来旅游的吗？"

"是啊，"豆富回答说，"我们也要去海底世界。"

"我们也是来旅游的。"阿姨从旁边拿出两瓶水，拧开后递给豆富和姜雅，说，"谢谢你们帮我们指路，喝口水吧。"

豆富和姜雅礼貌地说："不客气，谢谢您的水。"

两个人正好有些口渴，就喝了起来。

豆富醒来的时候感觉腰酸背疼，手脚不能活动，是在做梦吗？他睁开眼睛一看，妈呀，怎么手脚都被捆着呢？再一看，身边的姜雅还在昏睡中，和自己一样，他的手脚也被绑住了，嘴上还贴着胶带。

这是在做梦，还是出现了幻觉？他咬了咬舌头，还怪疼的。看来是真的，自己和姜雅被绑架了。

他们是怎么被绑架的呢？

豆富的头还疼着。哦，想起来了，他和姜雅喝了水之后没一会儿就昏迷了。一定是那位阿姨给他们的水里放了迷药。

豆富活动了一下，努力把腿伸过去碰了碰姜雅。姜雅被惊醒，他睁开眼睛一看，也被吓到了。他想说话，但嘴巴被胶带封着，说不出来。他也明白过来，自己和豆富被绑架了。

豆富想起科学老师讲过，被绑架后可以用唾液把胶带泡下来。他努力分泌唾液，时间一长，真的把胶带上的胶泡软了。他侧着头将嘴巴在肩膀上摩擦，终于把胶带蹭掉了。豆富爬到姜雅身边，用牙齿把姜雅嘴上的胶带给咬了下来。豆富小声说："你转过身去，我给你解开手上的绳子。"两个人背对着背坐着，费了好大的劲，豆富终于解开了姜雅手上的绳子。随后，姜雅急忙解开自己脚上和豆富身上的绳子。

两个人环顾了一下房间，只见这个房间十分空旷，除了窗边放置的一套桌椅，再没有其他家具物品了。两人走到窗边，借助灯光一看，他们在三楼，不远处有一片树林。豆富和姜雅蹑手蹑脚悄悄走到门口，只听司机和那个阿姨正在说话："一会儿等他们醒了，我们给他们的父母打电话索要赎金。"

豆富和姜雅知道，自己是被绑架无疑了。

他们眉头紧皱，思考着脱身之法。

姜雅想到了一个办法，他小声对豆富说："这是三楼，窗外没有防盗窗，我们可以利用绳子跳下去。捆我们的绳子不算长，但我们可以把腰带、衣服系在一起，这样长度应该差不多了。"

豆富觉得可行，他们解开腰带，身上只留一条短裤，把腰带、衣服和绳子系在一起，绳子的一端绑在窗边的桌子腿上，另一端从窗户伸了出去。"快！豆富你先下！"姜雅催促道。

豆富双手握住绳子，用脚踏着墙壁，试着往下降。嘭的一声，绳子拉着桌子撞到了墙上。

房间门吱的一声开了。阿姨走进来一看，大吃一惊，对着房间外的司机喊："阿清，快来，他们要跑！"

豆富急忙下滑，落地后大喊："姜雅，快跳！"

阿姨和司机已经冲了进来，向姜雅扑去。

姜雅见豆富落地后，马上向下滑去。司机扑了个空，他伸手去抓姜雅的胳膊，也没有抓住。

司机想把下滑的姜雅拉上来却拉不动；想解开绳子，绳子又被姜雅拉得紧紧的，也解不开；想砍断绳子，眼前又没有刀。这会儿工夫，姜雅已经落到了地面上。司机气得捶了一下桌子，转身下楼追赶。

　　豆富和姜雅跑到树林里，黑灯瞎火，他们不熟悉环境，也不知道方向，乱跑更是危险。姜雅拉着豆富躲进了树丛里，树丛里有一个坑，正好能够藏下他们两个人。刚刚藏好，绑匪二人就拿着铁棍追来了。他们一边用铁棍敲打着地面一边喊："臭小子，我已经发现你们了！赶快出来，不然，让你们尝一尝铁棍的厉害！"

　　豆富以为被发现了，刚想起身，结果被姜雅死死按住。很快，绑匪就骂骂咧咧地从他们身边走了过去。

　　姜雅和豆富大气不敢出，等他们走远之后，姜雅说："他们向前追我们，说明前面就是出口，我们大概要从这个方向逃离。"

　　"他们不会发现我们吗？"豆富担心地说，"被发现了我们可能就没有命了。"

　　"不要怕，他们在明处，我们在暗处。"姜雅安慰着豆富，其实，他的心脏也怦怦跳得厉害，十分害怕。就这样，他们一边走，一边观察，仔细听着有没有脚步声。走了一百多米后，他们冷静下来，仔细观察了一下附近的地形。姜雅隐隐约约听到哗哗的流水声，他轻声对豆富说："这附近似乎有小溪，我们顺着水流往下走，应该就可以走出这里。"

　　豆富仔细辨认水流的方向，说："在左边。"

　　于是，姜雅和豆富就慢慢向左边摸去。

扑通一声，豆富摔在了地上。

"豆富，怎么啦？"姜雅以为豆富被绑匪设下的圈套套住了，他急忙冲过去，把豆富扶了起来。借着月光，姜雅看清楚了，不知是谁在这里放了一个老鼠夹，让豆富给踩上了。姜雅急忙帮豆富解开，两个人继续赶路。

"豆富，你可把我吓死了。我还以为我们被那对绑匪逮住了。"

"不用怕，我们没有那么容易被逮到。"豆富安慰姜雅。

几分钟后，他们终于来到小溪旁。姜雅走过去把手伸进水里，确定了水流的方向。他们顺着水流方向，深一脚浅一脚地摸索着往前走，走了大约一个小时，他们隐约听到了警车的声音，两个人对视一笑，十分兴奋，朝着声音传来的方向加快了脚步。

他们远远地看到有辆警车停在路边，检查着过往车辆，两个人急忙冲了过去："警察叔叔！"刚喊完，两人心里一松，昏了过去。

几个警察一看，这不就是我们要找的人吗？他们赶忙急救，不一会儿，他俩便苏醒了过来。

原来，姜老师他们等了很久都没有等到姜雅和豆富回来，打电话又关机，知道大事不妙，便急忙报警。警察接到报案后，马上行动，但他们上车的路段没有监控，无法锁定嫌疑人，所以便在各个要道布下天罗地网，检查过往车辆，正好碰到姜雅和豆富自己脱险后逃了出来。

后来，根据姜雅和豆富提供的线索，警察顺藤摸瓜，很快将绑匪绳之以法，破获了多起用迷药作案的绑架案。

骑自行车发生的意外

这天，姜老师去考察当地的民俗了。他要写一本名为《民俗集锦》的书，外出旅游正适合他进行调研。丁钉小组不想和他一起去，于是决定自由活动。姜老师叮嘱他们注意安全后，便出发了。

丁钉四人到大学城附近租了四辆自行车，每人一辆。

"有了自行车，方便多了！"豆富跨上自行车高兴地说。

"我们去哪里呢？"丁钉征求大家的意见。

"大家不是对小吃感兴趣吗？"姜雅说，"我们去'名吃一条街'怎么样？"

"好呀！"迟兹高兴地说，"我举双手赞成！"

"既然大家都赞成，我们不妨就去那儿。"丁钉说，"我们的任务不是吃，而是考察这里的饮食文化哦。"

"对！"大家异口同声喊道。

四个人你追我赶，半个小时后，他们来到了目的地，停下车走了进去。

他们先来到一家涮羊肉店前，豆富说："我们今天就吃这个吧，还可以看看师傅是怎么做的，跟着学一招。"

"我们不是来学做饭的，而是要了解饮食文化。"姜雅马上纠正豆富。

说话间，他们已经进到了店里。

"我们少点一点儿，留点肚子还可以吃其他的。"豆富看着菜单，对其他人说。

大家都十分赞同，适量地点了些菜。

很快，菜上齐了，火锅也开了，他们急忙将肉下到了锅里。肉很快就熟了，大家捞起来尝了一口，真好吃。

"这个涮羊肉真好吃，你知道这道菜是怎么来的吗？"姜雅问服务员。

"这道菜源自元朝。"服务员说，"当时，元世祖忽必烈率大军南下，连日战斗不止，人困马乏，饥肠辘辘。他想吃自己喜爱的清炖羊肉，于是命人杀羊烧火。不料，厨师正在杀羊的时候，探马来报，敌人马上就要攻来。忽必烈一边大喊'赶紧上羊肉'一边下令出兵。怎么办呢？情急之中，厨师用刀切了一些薄肉片放到沸水中搅拌了一下，变色后马上捞入碗中，撒上了细盐、葱花和姜末，端给忽必烈。忽必烈连吃了几碗后，翻身上马，率军杀敌，大获全胜。庆功时，忽必烈想起了这道菜，便让厨师重做。厨师请忽必烈给这道菜赐名，忽必烈说：'就叫涮羊肉吧！'从此，涮羊肉成了一道广受欢迎的菜。"

丁钉四人一边吃着美食一边听这个故事，他们点的菜不多，很快就吃完了。

告别了涮羊肉店，丁钉小组来到了一家名为"狗不理包子"的店前。

姜雅十分好奇，店家为什么要起一个这么古怪的名字呢？

他问同伴："这家店的包子不好吃吧，要不怎么狗都不理呢？"

"这狗不理包子的来历可不简单。"豆富说，"清朝时，天津有个叫高贵友的人，他的小名叫狗子。他从小在一家饭馆当学徒，后来，他用自己攒下的钱开了一家包子铺。他调的馅与众不同，蒸出来的包子咬开皮后能流油，肥而不腻，味道十分鲜美，当地人很喜欢吃。来吃他包子的人越来越多，高贵友忙得顾不上跟顾客说话，于是，顾客都戏称他'狗子卖包子，不理人'。久而久之，人们便叫他'狗不理'，把他卖的包子称作'狗不理包子'。慈禧太后吃了袁世凯送的'狗不理包子'后也大加赞赏，从此，'狗不理包子'更加出名。后来，'狗不理'就成了这道小吃的正式名字了。"

"我们去尝一尝这个包子吧，听起来十分美味。"迟兹提议。

豆富阻止了他，说："虽然'狗不理包子'真的十分美味，但这个店是'冒牌货'。"

"为什么？"丁钉好奇地问。

"我爸爸有一次到天津出差，他回来时带了正宗的'狗不理包子'，确实好吃。"豆富说完舔了一下嘴唇，似乎还有余香，"当时我就问，既然'狗不理包子'这样好吃，为什么不开连锁店呢？"

"'可能是为了避免挂羊头卖狗肉，砸了招牌。'我爸爸当时是这样回答我的。"

"你们懂了吧？"豆富笑着说。

说笑间，他们进了一家烧烤店，吃起了肉串。迟兹一边吃一边问："师傅，您知道这烤肉串的来历吗？"

"这个真没听说过。"师傅说，"但是在鲁南临沂市五里堡村出土的一座东汉晚期画像石残墓中，发现了刻有烤肉串活动的画像石，说明在1800多年前，鲁南民间就有这样的饮食风俗了。"

时间过得真快，丁钉小组转了大半天，准备骑车回去了。

豆富骑在前面，其他人在后面追赶着。

"慢一点骑！"丁钉在后面大声喊着，但不知其他人听见没有。不多时，几个人距离就拉大了。

豆富没有听到丁钉的叮嘱，前面出现了一个急转弯，他想快一点通过，把大家甩在后面，于是加速蹬了起来。

迟兹见豆富蹬得很快，也不甘示弱，追了上去。但是他看到急转弯时，马上放慢了速度。转过弯一看，豆富正在从地上爬起来。

迟兹忙下车询问："豆富，你没事吧？"

豆富扶起自行车，拍打着衣服上的泥土，懊恼地说："我转弯转得太急了，车速又快，路上还铺了很多沙子，我就摔倒了。幸好没有什么大碍，只是膝盖擦破了点皮。"

姜雅跟了上来，也被沙子滑倒了，幸好他骑得不快，双手着地，只是手擦破了点皮。

后面的丁钉见到摔倒的队员，说："我告诉你们不要骑太快，你们不听，这不，摔倒了吧？骑车一定要慢，更不能抢路！"

"是啊。"豆富深有体会地说，"尤其在沙道和转弯时，很容易摔倒。"

大家互相检查了一下，见没有大碍，便骑上车继续往回骑。

登山留下的遗憾

丁钉小组的下一站是泰山。

泰山是中国五岳之首，位于山东省中部。沿途风光旖旎，日出和云海最为迷人，名人摩崖石刻随处可见，到处都展示着久远浓厚的文化底蕴。到泰山一游，不仅可以饱览泰山的奇峰秀景，还可以学习这里源远流长的文化。

有关泰山的旅游信息，丁钉他们早在网上搜过。社首山、玉皇顶云雾缭绕，太阳时有时无，山上的庙宇时隐时现，如同海市蜃楼，让人以为身处仙境。这些奇妙的景象像一块磁石，有着巨大的诱惑力，吸引着他们去旅游、观赏。

为了爬泰山，大家都准备了一双登山鞋。

丁钉小组计划用一天的时间游玩泰山，全程徒步，上、下山都不乘索道。

爬山前，姜老师说："登山如同跑马拉松，需要耐心和韧性。开始时不要太急，免得把力气用光了，后期没有力气了。"

"好的，姜老师。"大家异口同声地说。

然而，爬山时大家便将姜老师嘱咐的事情抛到爪哇国了。

豆富、迟兹、姜雅三个人你追我赶，似乎有着使不完的劲，都想走在前面。最后，他们竟纷纷向前跑了起来。

丁钉看他们跑得那样快，提醒道："喂！你们忘记姜老师的话了吗？慢点爬，免得把力气耗尽了。"

"至于吗？"豆富不服气。

"你要是不信，一会儿就会见分晓。"丁钉反驳说，"你们没有力气了，我可不照顾你们。"

他们可管不了那么多，继续向前跑，唯恐自己落后，只剩下丁钉和姜老师跟在后面。

山越来越陡，很快，豆富他们就累得气喘吁吁了，腿上如同绑了沙袋似的，上台阶十分费劲。

大家看着眼前长长的台阶，真有点望"阶"生畏。于是，他们决定停下休息一会儿，等一等后面的丁钉和姜老师。

赶上来的丁钉看着大家无精打采的样子，笑着说："你们怎么不'冲锋陷阵'了呢？这才爬了多长时间，就如同霜打的茄子一样，蔫了。"

他们无力反驳，如同斗败的公鸡一样耷拉着脑袋。

豆富坐在台阶上，解开鞋带，把袜子脱了下来。他浑身出汗，似乎脚也黏糊糊的。一阵风吹来，顿感凉爽，痛快！他对同伴们说："我把袜子脱了下来，很凉爽，你们也脱了吧。"

姜雅急忙制止，说："豆富，登山时脚上必须穿袜子，而且最好是棉线料的袜子，可以吸收水分。登山不穿袜子，脚底很容易磨起泡来，很疼，不能走路。到时候咋办？让我们背着你呀？"

"没事的，哥们。"豆富不信。他的犟劲儿上来了，九头牛也拉不回来。

大家都劝豆富把袜子穿上，但豆富的主意已定，谁劝都不听。

最后，丁钉说："豆富，我们已经劝过你了，你再不听劝告，后果自己承担，不要说我们不提醒你。"

"多大点事，没有关系的，谢谢大家的好意。"豆富毫不在意，不就是不穿袜子吗，难道天还能塌下来不成？

"豆富，你还是穿上袜子吧，免得磨起水泡来。"姜老师也劝道。

"放心吧老师，不会有问题的。"豆富十分坚定地说。

见豆富十分坚决，大家也不再说什么，各自登山了。

登了一会儿，"哎呀"，豆富身形一歪，坐到了台阶上。他喊道："我崴脚了。"

听到豆富的喊声，大家急忙围过来查看情况。豆富把鞋子脱下来，只见他的脚踝已经红肿起来，但问题不大，还可以活动。丁钉细心地看了一下他的脚底，只见已经出现了一个豆粒大的水泡。

丁钉指着水泡对豆富说："不让你脱袜子你非脱，这不，磨出水泡了吧！"

"为什么脚会磨出水泡来呢？"豆富感到不解。

"皮肤的局部组织经过长时间摩擦，导致表皮与皮下组织分离，组织细胞破裂，组织液聚集起来，就形成了水泡。"姜老师解释。

"现在怎么办呢？"豆富急了，问，"我脚扭伤了，还磨起了水泡，这怎么下山呢？"

就在大家不知所措时，一个像是医生的人背着药箱匆匆路过。姜老师看到了，马上过去礼貌地问："您好！您是医生吗？"

"是啊。"对方回答，"有什么事吗？"

"有个孩子崴脚了，脚底还磨起了一个水泡，您能不能帮忙处理一下？"

"我看一下。"医生跟着姜老师来到豆富面前蹲下，查看起豆富的情况。

"他的脚崴得不重，冷敷消除肿胀就行。"医生说，"我正好带有冰块，一会儿给他冰敷一下。我先把他的水泡挑破，这样会好得快些。"说完，医生用酒精棉球擦了擦水泡，然后用针把水泡挑破了。

豆富问："怎么一点儿都不疼呢？"

"那是一块死皮，没有神经，当然不疼了。"医生给他的脚踝处放上了一块冰，让豆富用手扶好。然后找了一块石头把豆富的脚垫了起来，并嘱咐："要少活动。我这里有一瓶消肿喷雾，冰块融化后喷在脚踝处。"姜老师掏出钱来给医生，医生摆摆手拒绝了，随后就离开了。

面对这种情况，丁钉说："我们先在这里休息一会儿吧，等冰块化完喷上药，我们再走。"

豆富不好意思地说："对不起，是我拖了大家的后腿。"

因为豆富崴脚，他们只好乘坐着索道上下山，没能尽兴地感受一下爬山的感觉，留下了一个遗憾。

糟糕，街中险些被伤

爬完泰山后，大家休整了一天，见豆富的脚已经没有大碍，大家便按照原计划，乘上了去曲阜的车，准备去参观孔林和孔庙。

在曲阜，他们看到了古老的城墙，想象着古代人们骑马围城的悲壮战争场面。

孔庙的建筑十分壮观，闪耀着人类智慧的光辉，让他们想起历史上人们悼念孔子的宏大场面。孔庙以其丰厚的文化积淀、悠久的历史、宏大的建筑规模、丰富的文物珍藏以及科学艺术价值备受世人推崇。

随后，丁钉小组来到期待已久的孔林。为了看得仔细，他们没有乘车，而是步行游览。

丁钉小组一边走着，一边谈论着。

"我听说孔林里'上没有乌鸦，下没有蛇'，这是怎么回事呀？"豆富看见一只鸟站在树上，想起了这个问题。

"这有一个传说呢！"丁钉接上了话题，"孔子周游列国时路过宋国，宋景公想让孔子为宋国效力，受到了掌管大权的大臣——桓魋的反对。桓魋还派兵追杀孔子。当时，孔子正在一棵檀香树下给弟子讲课，面对官兵，这些文弱书生手无缚鸡之力，只能束手待毙。谁料，天上飞来3000只乌鸦，向官兵们扑去。官兵们很迷信，认为自己触犯了神灵，军心涣散，各自逃命去了。从此，这群乌鸦时刻保护着孔子，不愿离去。孔子死后被葬在孔林里，乌鸦们不进孔林，在周围守护着他。"

"这不是迷信吗？"迟兹说。

"是啊，所以说是传说。"丁钉言归正传，"孔林里有4万多棵树木，十分密集，不适合乌鸦展翅。尤其是这里种有大量楷树、桧柏和槲树，会散发出乌鸦不喜欢的气味，所以乌鸦不会飞到孔林里来。至于孔林里没有蛇，主要是孔子的后人在种树时，预先在地上铺设了朱砂、硫黄等物质，这些都是驱蛇的东西，所以孔林里也难以见到蛇的影子。"

"原来是这样。"豆富的好奇心得到了满足。

离开孔林，丁钉小组边聊边走。突然，一只不大的狗汪汪叫着向他们冲来，大家还没反应过来，狗已经咬住了豆富的脚。

姜老师抬起脚对着狗的下颌踢去，狗叫了一声，松开了口，又转身向迟兹咬去。

姜老师反应很快，转身抬脚踹向狗的屁股，狗一个趔趄，又要咬身边的姜雅，丁钉马上踹了过去，狗叫了一声，终于跑掉了。

姜老师急忙问："豆富，狗咬伤你了吗？"

"多亏我穿着旅游鞋，鞋比较厚，不然就麻烦了。"豆富被吓得直哆嗦。他一边说一边脱下鞋来。大家一看，鞋的外面有些破损，但没有伤到皮肤。

"迟兹、姜雅，你们呢？"姜老师又问迟兹和姜雅。

两个人摇摇头，狗还没有碰到他们，便被姜老师和丁钉踹跑了，所以没有受伤。

姜老师看有惊无险，舒了一口气，说："有些流浪狗长时间没有吃东西，脾气暴躁，有时会攻击行人。所以，我们走路的时候一定要防备，不要小瞧它们。"

这时，一位中年男子走了过来，姜雅迎上去，说："叔叔，这里最近发生过流浪狗咬人的事情吗？"

"有啊。昨天有一个人被流浪狗咬伤了，警察正在追捕它呢。你们看到它了吗？"中年人显然是一个知情人。

"是啊，那只流浪狗差一点咬到我们。"姜雅说。

"我会把这件事情转告给警察的，你们注意安全。"中年人说完便离开了。

豆富问："遇到狗攻击怎么办呢？"

丁钉说："当狗扑过来时，可以脱下衣服，在它们眼前晃动，吸引其注意力。一旦它们咬住衣服，就对准它们的嘴巴狠狠踢过去，特别是它的下颌，这样会给狗造成一定的伤害，把它吓跑。”

姜雅也想起了一种方法，说："当狗扑来时，也可以弯腰装作捡石头砸它，狗也会本能地逃跑。"

"你刚才怎么没有这样做呢？"豆富开玩笑说。

"我不是被狗吓得没有想起来吗？"姜雅笑着说，"狗来得太突然了，我还没反应过来。但我没有被狗吓得直哆嗦呀！"说完，他模仿起豆富发抖的样子。

"哈哈哈！"大家大笑起来。

暴雨中遇到泥石流

中午时分，天气比较热。丁钉提议说："我们到附近的水库玩一会儿怎么样？"

"好！"大家都赞成，四个小伙伴在姜老师的陪同下向水库走去。

"哎，我昨天看天气预报说今天有雷雨，你们说会不会下？"姜雅问。

"天气热得要命，太阳这么大，怎么会下雨呢？"豆富不信。

丁钉小组顶着烈日，来到了水库边。这里昨天已经下了一天雨，水库水位上涨了不少，水也十分浑浊。

他们在附近转了转，似乎也没有什么好玩的。

豆富提议："要不我们下去游泳吧。"

丁钉摇了摇头，反对说："在水库游泳太危险了，而且水这么浑浊，不适合游泳。"

说话间天色已经暗了下来，乌云密布，还不时划过一道道闪电。

"我说今天有雷雨你们还不信，这会儿你们信了吧？"姜雅埋怨起来，"可惜我们没有带伞。"

说着，倾盆大雨从天而降，将大家淋成了落汤鸡。

"咱们还是先找个地方躲雨吧！这雨点砸身上太疼了！"豆富抹了把脸说。

"可是去哪躲啊？"丁钉四处寻找可以躲雨的地方，然而周围连个休息的亭子都没有。

"这里没有避雨的地方，我们一边走一边找吧。"姜老师无奈地说。

雨越下越大，如同天上垂下了一个水帘子。

突然，远处传来轰轰轰的声音。

"这是什么声音？"豆富耳尖，最先听到。

"好像是从下游传来的。"姜雅辨别后说。

"声音怎么这么大呀，我们去看一下。"丁钉说。

他们冒着雨往下游走。刚爬上一座小山坡，就见对面山上一股黏稠的泥浆挟裹着巨大的石块，以排山倒海之势沿着山坡奔泻而下。所经之处，泥浆飞溅，山谷轰鸣，顿时在山沟里堆积成一片泥海……

雨声、泥沙滚动声混在一起，发出轰轰的鸣叫。

"这是怎么回事呀？"豆富吓了一跳，"如果我们经过那里可就惨了。"

"这是泥石流。"丁钉说，"幸亏范围不大。"

"为什么会发生泥石流呢？"豆富不解。

姜老师解释说："这里的地形比较陡，泥土又比较松散，再加上昨天下了一天大雨，土壤中的含水量太大，最终导致了泥石流的发生。泥石流具有突发性、速度快、流量大的特点，所以有很大的破坏性。"

"要是遇到泥石流怎么办呀？"迟兹问。

姜老师回答道："遇到泥石流时，应该向泥石流的沟岸两侧高处跑，切忌顺着泥石流的方向向下跑，因为我们的速度远不及泥石流的速度，会被泥石流掩埋的。"

"我们在的这座山会不会发生泥石流？"豆富胆怯极了，带着哭腔说。

"只要你大声哭出来，老天爷看你可怜的，就不会发生泥石流了。"丁钉逗豆富。

"你就是想抓住我的笑柄。"豆富瞪了丁钉一眼。

雨中，传来了丁钉小组的笑声。

山坡上发生的不幸

这一天，几个小伙伴又凑在一起，他们已经在家里窝了好几天了，觉得有些无聊。

豆富提议："我们好久没去爬山了，出去活动一下筋骨怎么样？"

"好呀！"其他人马上同意。

说走就走，大家回家换了一身衣服，姜雅叫上姜老师一起。

他们乘车来到附近一座山的山脚下。天气炎热，人不是很多。

这里有一条由石头台阶铺成的绕山小道，丁钉他们踏着台阶一步一步向上走着。路边长满了青草，有些地方还生长着灌木，从远处看去郁郁葱葱。

说笑间，他们爬上了山顶。这里草木稀疏，乱石成堆。据说，很久以前，人们在这里垒了一道石墙，抵御敌人的进攻。因年代久远，石墙倒塌，石头滚落，就成了现在这个样子。豆富随意地踹了一块石头,石头轰轰隆隆地滚下山坡。姜老师见状,马上阻止豆富说:"豆富,你这样踹很危险,一旦石头落下去砸到人,会把人砸伤的。"

豆富急忙收回脚,不好意思地说:"我只觉得好玩,没想到会这么危险。"

"因为山坡很陡,山上的石头向下滚时,速度会越滚越快,力量也会随之增大,一旦砸到人就非常危险。"姜雅也附和道,"战争年代时,士兵会从山上滚石头击退敌人呢。"

"走吧。"迟兹见这里危险,说,"我们到别的地方玩吧。"

他们走到一个有树木的地方,在树下坐下,休息了一会儿。

"下山时我们不要按原路返回了。"迟兹提议,"我们另走一条路吧。"

"我们可以顺着这个山坡往下走。"豆富赞成道,"这个坡不太陡,虽然没有路,但草木也不多,比较好走。"

就这样,丁钉小组按照豆富的建议往下走。

他们穿过一块草地时,豆富忽然大叫一声:"哎呀!什么东西咬了我一口,这么疼。"

丁钉他们急忙过来查看,只见一条不长、头是椭圆形的蛇转眼进了草丛中。

"是蛇，不过这条蛇看起来不是毒蛇。"丁钉分析说，"毒蛇的头是三角形的，而这条蛇的头是椭圆形的，应该是无毒蛇。"

豆富已经把被咬伤的腿伸出来了，只见脚踝上有一个不是很深的伤口，是两排细小的牙痕，只出了一点血。

姜老师仔细检查了他的伤口，说："豆富，你是被无毒蛇咬伤的，没有关系，不用怕。"

"真不是毒蛇吗？"豆富已经被吓哭了。他怕丁钉和姜老师是在安慰他，万一真是毒蛇，自己还有救吗？

"豆富，不要哭，我们应该相信姜老师和丁钉。"迟兹劝他，"姜老师了解很多动物方面的知识，他还研究过毒蛇呢。再说这是人命关天的大事啊！不能跟你开玩笑。"

"是啊，豆富乖，别哭了。"姜雅也劝他。

"我这里还有些矿泉水，我给你处理一下伤口。"姜老师挤压着豆富的伤口，用纸巾把血迹擦干净后，用水反复冲洗。处

理完，他说："为了以防万一，我们还是赶快下山，请医生看一下，这样才放心。"于是，大家搀扶着豆富急急忙忙向山下走去。

到了山下，豆富仍没有异常的感觉，便放松下来。他不好意思地说："我刚才哭那是在开玩笑，大家不要当真。"他唯恐被大家笑话。

大家大笑起来。姜雅戏谑地说："我们当然知道你是在开玩笑，豆富怎么会真哭呢！"

"爬山应该穿着长裤，如果豆富穿着长裤的话，这条小蛇可能也咬不到他了。"丁钉见豆富穿着短裤，不疾不徐地提醒大家。

大家把豆富送到医院，医生检查后证实，姜老师和丁钉的判断完全正确，豆富确实是被无毒蛇咬伤的。医生还称赞姜老师对伤口的处理得当。

这次有惊无险的经历让豆富印象很深，他爬山再也不敢穿短裤了。

旅途中碰到的意外

这一天，丁钉小组和姜老师在街上闲逛。

天气不算热，风也不大，树叶微微摆动，似乎在和丁钉他们招手，这样的天气让人心情格外好。

丁钉小组一边走一边聊天，不知不觉中分成了两队。豆富和迟兹走在前面，丁钉、姜雅和姜老师在后面。时间一长，分开了七八十米远。

豆富和迟兹一路上打打闹闹，两个人十分开心。

这时，前面路中间有一个老人摇摇晃晃地骑着自行车靠近他俩。刚骑到他们身边，哐的一声，人和车一起摔倒了。

豆富和迟兹见状，急忙上前想把老人家扶起来。

"老爷爷，你没有摔伤吧？"迟兹关心地问。

"哎呦哎呦，我的腿疼死了！"老人站不起来，坐在地上呻吟着。

豆富蹲在他身边，问："老人家，你怎么会摔倒呢？

是身体不舒服吗？"

"小朋友，明明是你把我撞倒了，怎么还问我是不是身体不舒服？"老人一把抓住豆富的上衣不松手。

"我没有！你怎么能这样说呢？！"豆富觉得老人不可理喻。

"做事要敢做敢当，你把我撞倒了，怎么能不承认呢？"老人语气十分坚定。

"老人家，我们看到你摔倒了，出于好心，想把你扶起来，你怎么倒打一耙，反而说我们把你给撞倒了？"迟兹马上反驳，"你可不要冤枉好人啊！"

"你口说无凭啊。"老人说，"我的腿应该断了，你给我钱，我自己去检查一下。你总不能撞伤人不管吧？"

"你这是'碰瓷'！"豆富气愤到了极点，"真是好心没好报！"

"确实是你自己摔倒的，你不要污蔑人。"迟兹也是第一次见到这样厚颜无耻的人，急得满脸通红。

就在他们争论的时候，周围已经围了不少行人，也在七嘴八舌地议论着这件事。

"这位大爷，你骑车往南走，他们往北走，你们应该在马路的两侧，你怎么会骑到他们这边来呢？"一位路人分析说。

"是啊，至少是你逆行，朝这两位小朋友撞来的。"

另一位行人附和说。

追上来的丁钉、姜雅和姜老师弄明白发生什么事后，姜老师走到老人面前说："这位大叔，如果你还不松手的话，我们要报警了。"

"报吧，难道我还怕报警吗？"老人仍然坚持着。但是他紧握的手终于松开了。他接着对豆富说："你把我撞得不轻，总要给我一点钱作为补偿吧？"

"我一个学生，哪来的钱。"豆富硬气起来，"再说，我压根就没有碰到你，是你自己摔倒了，我去扶你，你反过来讹诈我。如果都像你这样，谁还敢做好事啊！"

"前面的超市有摄像头，能够照到这里。我们不妨去看一下到底谁在说谎。"姜雅发现新情况，对老人说。

"老人家，你都这么大岁数了，怎么好意思讹诈学生呢？"围观的人路见不平，对老人说道。

"是啊。"另一个人说，"赶紧起来吧，免得警察来了带你到公安局去。"

老人家狠狠地瞪了豆富一眼，站起来说："这么多人帮你说话，算我倒霉，不跟你计较了。"说完，狼狈而去。

"这些碰瓷的人真是防不胜防。"一位中年人气愤地说。丁钉小组对围观的人表示感谢后，大家就散了。

"怎么做好事还会被赖上，这世上还有没有公理啊！"豆富简直要被气蒙了。

　　"我们平时要多加注意。"姜老师说，"遇到类似的敲诈问题，应该报警，让诈骗者受到惩罚！"

　　"不过，豆富你不要担心，还是好人多。"姜雅安慰豆富，"我们成长过程中什么事情都会遇到，但只要我们一身正气，身正不怕影子斜，就什么也不用怕啦！"

　　"是啊，我们是谁，我们是成长中的小男子汉！"迟兹大声喊道，如同在向人们宣告：我们会坚持正义，让那些心怀龌龊的人见鬼去吧！

在草原险陷泥潭

美丽的草原我的家

风吹绿草遍地花

彩蝶纷飞百鸟儿唱

一弯碧水映晚霞

骏马好似彩云朵

牛羊好似珍珠撒

啊啊哈嗬咿

牧羊姑娘放声唱

愉快的歌声满天涯

⋯⋯⋯⋯⋯

大家唱着德德玛的《美丽的草原我的家》，踏上了去草原的列车。

丁钉小组期盼快点到美丽的大草原，看一看成群的牛羊，在草原上骑马兜风。

几经转乘，他们终于到达了草原边缘。

这片草原十分广袤，蓝天碧草，一望无际。天上挂着几朵白云，空气中弥漫着一丝青草味，没有一点污染。大草原像铺在地面上的一块巨大的绿色毯子，郁郁葱葱。不同颜色的花儿争相绽放，这里有蓝色的鸽子花、红色的山丹花、黄色的金莲花，有些还是宝贵的中草药。成群的牛羊在吃草，远处隐约可以见到几个蒙古包的轮廓，十分漂亮。这就是草原，这里真美！

"前面好像有骑马的。"豆富说，"我们去学一下骑马怎么样？"

一听说要骑马，大家眼睛马上亮了起来，纷纷赞成。

大家来到骑马场，工作人员给他们讲解了骑马的要领及注意事项："骑马前，要穿戴好头盔、防护背心、手套等；坐在马背上不能左右摇晃，身体坐直，略向后倾；骑马时要跟着马蹄一起一落，两腿膝盖要夹紧马身。这样马就会跑了。"

丁钉在工作人员的帮助下骑上马坐好，他按照刚才听到的，把腿一夹，马哒哒地跑起来了。

风从他的耳边呼呼刮过，他嘴里喊着"驾——驾"，让马儿快跑。他一边骑着马，一边在空中甩着响鞭，十分得意。他想起了战争年代，骑兵挥舞着大刀，向敌人砍去的情景，多威武呀！

姜雅和迟兹也骑上马奔跑起来。豆富急了，他的马一直在慢悠悠地走路。豆富始终不得要领，一着急，更加手忙脚乱，一不小心，他身子一歪，从马背上掉了下来。

姜老师和工作人员急忙围上来查看，有惊无险，豆富没有受伤，自己爬了起来。

"豆富，没有伤着吧？"姜老师问。

"没有，老师。"豆富回答。他一边说着一边走了几步给姜老师看，大家一看没有事，也放心了。

丁钉小组过了骑马的瘾后，来到了另一片草地上。他们边走边玩，欣赏着草原上不知名字的花儿。豆富见到前面有朵花儿长得特别漂亮，他想过去摘一朵，便向那边走去。他感觉脚下的泥土有点软，但没有在意，继续往里走。走着走着，他脚下一滑，咕咚一声陷到泥潭里去了。原来，这里是一片表面长有植物，实际上是泥潭的地方。由于长着草，所以不仔细看看不出来。

豆富不断下沉，这可把他吓坏了。他急忙喊："快来救我，我陷到泥潭里了！"

大家跑过来一看，急了。迟兹想把豆富拉上来，却被丁钉拉住了。丁钉说："不能过去，否则你也会陷下去。"这时，豆富的下半身已经陷进去了，丁钉大声对豆富说："豆富，你不要乱动，越动下陷得越快。你伸开双臂，平放在泥地上，这样可以增大面积，减少压强，减缓下陷的速度。"

豆富这会儿非常听话，不再斗嘴，照着丁钉的说法做，果然，下陷的速度变慢了。

"我们把腰带连成一条绳子扔给豆富，这样就能把他拉上来了。"姜雅一边说一边解腰带。

大家按照姜雅的意见忙活起来，很快，一条长长的绳子便接好了。

这时，豆富的身体已经下陷到胸部了。姜老师手拿着腰带，小心翼翼地站在一块比较硬的地方，试图把腰带甩给豆富。第一次扔偏了，姜老师将腰带拉回来整理了一下，又扔了过去。这次豆富接住了，他高兴地咧开了嘴。

"豆富，你抓牢啊！"姜老师严肃地说，"你不要用力，我们拉你！"大家一起用力，但豆富像被定住了似的，一点也拉不动。

没有办法，姜老师说："豆富，你握着腰带，努力把身体仰躺下，像仰泳一样，这样会增大面积，身体不会下陷，我们才能把你拉上来。"

豆富按照姜老师的说法，慢慢把身体仰躺起来。岸上的大家一起用力，使劲一拉，这一次，豆富的身体终于被拉动了。大家齐心协力，把豆富给拉了上来。

豆富浑身是泥，大家只好找了一个地方，让豆富洗了个澡，换了一身衣服。

尾　声

　　丁钉小组的探秘之旅告一段落，在一次又一次的出行中，他们开阔了视野，增长了知识，锻炼了身体，目睹了当地的风土人情和文化习俗。祖国地大物博，奇异的民族风情和美丽的自然环境，让人向往与憧憬。祖国的大好河山深深吸引着丁钉小组的成员们，他们暗下决心，一定要好好学习，锻炼自己，将来为祖国贡献一份力量。